Kakashi
花香詩

プリン物語

七つ星の子猫

文芸社

プリン物語

七つ星の子猫　もくじ

七つ星の子猫

「子猫だよ　かわいそうに捨てられたんだ」
「生きられないね　こんなに小さいんだもの」
蟻たちが　あたいの足の下で言ったよ
あたいは悲しくて　母猫を呼んだの
「ミャ～　かあちゃん　どこ……いるの？」
ルル～と　風が　あたいの耳にささやいたよ
「君の～声を～運んで～あげよう～ルル～
　優しい～人の～耳まで～運んで～あげよう～」
赤いお花は　あたいにほほえんで言ったよ
「子猫ちゃん　心配しないでだいじょうぶよ」
「ミャ～　あたい　ちゅてられた……の？」
「子猫ちゃん　わたしもここに捨てられたのよ
　だからここに今　咲くことができたの」
ルル～と　風が　あたいのヒゲをくすぐったよ
「君は～幸せを～運んで～来た～子猫～ルル～
　背中に～ついた～七つの～星が～その証拠さ～」
「七ちゅの　ほち……　ミャ～？」
「背中の～七つの星が～輝いているよ～ルル～」

その時男の人が　あたいのそばに寄って来たの
「おや　かわいい子猫だね」
あたいは　男の人の腕の中に抱かれたの
「よかったら　僕と一緒においでよ」
赤いお花が　あたいにウインクして言ったよ
「ほら　子猫ちゃんの幸せが　いま始まったわよ！」

あたいはプリン

「ママの大好きな　プリンを買ってきたよ」
「あら　秀樹さん　ありがとう」
あたいを拾ってくれた　男の人の名前は秀樹さん
成人して独立した　ママの子供のようだ
「それからもう一つ　ママにお土産があるんだ」
秀樹さんは　いたずらっぽくウインクして
あたいをそうっと　ママの膝に乗せた時……！
「キャ！」と　急にママが　立ちあがったので
あたいはママの膝から　トトンと転げ落ちたの
「ママは　猫が嫌いって知ってるでしょ！」
「だから僕　ママのために拾ってきたの」
秀樹さんは　あたいを優しく抱き上げて言ったよ
「ママの心に　嫌いなものがあるって事は
　畑に小石があるようなもの……じゃないかな？
　それはとても　邪魔なものだと思うよ」
秀樹さんは　あたいにミルクを飲ませてくれたよ
「僕も昔　子猫のように　ミルクを飲んだでしょ？
　僕も子猫も　ママ　同じだと思うけど……な！」

「……わかったわ　秀樹さんありがとう！」
そう言うとママは　秀樹さんに代わって
あたいにミルクを　飲ませながら言ったのよ
「子猫の名前は　〈プリン〉にしましょう
　きっとプリンのように　大好きになるわ！」
今日からあたいの名前は　〈プリン〉です！

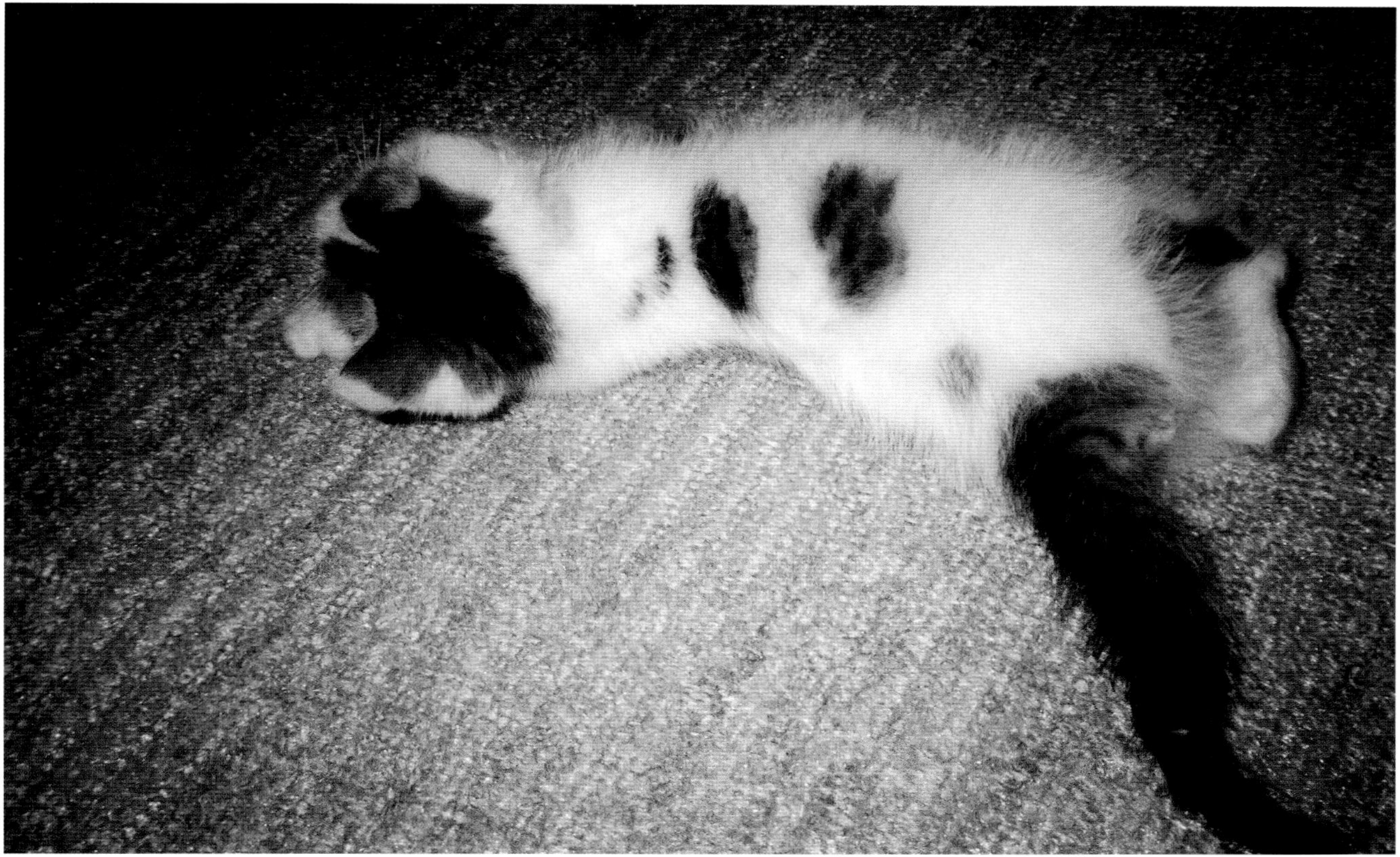

屑かごの天使

ママは今　圭子さんにメールを書いてるの
圭子さんは　ニューヨークへ留学中で
あたいを拾ってくれた　秀樹さんの妹なの
「秀樹さんが　子猫をつれてきました
背中に七つの　星の模様がついている
やせっぽちの不思議な　子猫〈プリン〉です
パパは　プリンを見て言いました
『しっぽのついた　かわいい天使ちゃんだね！』
次の日　パパは　鈴のついたかわいい首輪を
赤と青の二本も　プリンに買ってきました」
あたいは　ママのお邪魔にならないように
ひとりでお部屋を　探検することにしたの
屑かごから　お菓子のいい匂いがしてくるよ
あたいは　匂いに誘われて屑かごにのぼってみたの
一生懸命のぼってすぐに　かごの中に転げ落ちたの
お菓子のあき袋が　カサカサあたいを笑ったよ
あたいがじゃれると　もっとゴソゴソ笑ったよ

「プリン　どこにいるの？」
ママの声で　あたいはふっと目が覚めた……
いつのまにか　屑かごの中で眠っていたのね
「あたい　おなかが　ちゅいた　ミャ～」
屑かごの中に　あたいを発見したママは
あたいを抱き上げながら　大笑いして言ったよ
「まあ　プリンたら　屑かごの天使ちゃんね！」

チヨコ
CHOCOLATE
バニラ
VANILLA

ラベンダーのしっぽ

「プリンは　とってもおしゃれさんね
　帽子としっぽが　同じ模様で　おそろいで……」

あたいの帽子としっぽを　ママが誉めてくれたの
「ママの　しっぽ　どうちてないの　ミャ～？」

「生まれる時に　忘れてきたのね　きっと……」

ママはあたいのしっぽを　しみじみなでたり
ひっぱったり　まるめたり　ゆらしたり……したよ
「プリン　しっぽがあるって　どんな気持ち？」

「かなちいとき　しっぽ　おもいよ　ミュ～

うれちいとき　しっぽ　げんきよ　ミャ～」

「しっぽは　プリンの気持ちなのね」

「あたいとしっぽ　とてもなかよし　ミャ～」

「プリンのしっぽ　ママも欲しいな」

「ミュ……？　いやよいやよ　あげないよ！」

あたいは　いそいでママから逃げたの

「いいもん　プリン　ママもかわいいしっぽを
　見つけてくるから　待っててね」
そう言ってママは　庭へ出て行ったの
そうしてすぐに　にこにこ顔でもどってきたよ
「プリン　これがママのしっぽよ
　うす紫で　とってもいい匂いがするわよ」
ママのしっぽは　ラベンダーのお花だったよ
お空のように　元気な色をしているよ
今日　あたいは　ママのしっぽと遊んだのよ

枯れないお花

「プリン　お花が枯れるとさびしいわね」
花瓶の花をとりかえながら　ママが言ったの
「ずっと枯れないお花が　あったらいいわね」
その時あたいは　いいことを思いついたの
トイレットペーパーを　かじってちぎると……ほらね
お部屋が　白い花でいっぱいになったよ
「ママ　かれないおはなを　さかせたニャン」
「まあ　プリンたら……？」
ママは　お部屋いっぱいの花に驚いたみたい
「プリンはきっと　すばらしい芸術家なのね！」
「あたい　ママのために　ゲイジュツしたニャン！」
あたいの芸術を　ママはとっても喜んでくれたよ

ママは　エプロンのポッケに花を摘んだの
「これはすみれね　一本二本……　これで十本！
なずなも咲いてるわ　一本二本……　はい十本！
しろつめ草もね　一本二本……　またまた十本！」
ママののポッケは　すぐにいっぱいになったよ
「プリン　たくさんお花をありがとう！」
それからママは　掃除機をつれてきて言ったの
「プリン　掃除機もね　お花が大好きなのよ
残った花は　掃除機にごちそうしましょうね」
ゴー　グワグワ　ゴー　ガラガラ
掃除機はおいしそうに　大きな音をたてて
残った花を　ぜーんぶ食べちゃった　ミャア！

あいこでしょ！

障子の穴から　あたいは　青い空を見つけたの
青い空は　光の手を　キラキラのばして言ったよ
「プリン　ジャンケンポンで遊ぼうよ！」
穴の向こうの青い空に　あたいは言ったの
「いいわよ　あたい　つよいのよ！」って
はじめは　グゥ　ジャンケンポン！
「キラキラ　チョキ！」「あたいも　チョキ！」
「キラキラ　パァ！」「あたいも　パァ！」
「キラキラ　グゥ！」「あたいも　グゥ！」
勝負がつかずに「あいこでしょ！」
青い空は　光の手を　キラキラのばして言ったよ
「ママも　ジャンケンポンで遊ぼうよ！」
穴の向こうの青い空に　ママは言ったの
「いいわよ　ママは　強いのよ！」って
はじめは　グゥ　ジャンケンポン！
「ジャンケン　チョキ！」「キラキラ　チョキ！」
「ジャンケン　パァ！」「キラキラ　パァ！」
「ジャンケン　グゥ！」「キラキラ　グゥ！」
勝負がつかずに　「あいこでしょ！」

ママは　あたいを膝に乗せて言ったよ
「お空とプリンは　心と心が一つなの
お空とママも　心と心が一つなの
だからみんなで　あいこでしょ！」
「みんなであいこは　うれしいニャ～！」

郵便はがき

恐縮ですが
切手を貼っ
てお出しく
ださい

160-0022

東京都新宿区
新宿 1－10－1
(株) 文芸社
ご愛読者カード係行

書　名			
お買上 書店名	都道府県　市区郡　書店		
ふりがな お名前		明治 大正 昭和　年生　歳	
ふりがな ご住所	□□□-□□□□	性別 男・女	
お電話 番　号	(書籍ご注文の際に必要です)	ご職業	

お買い求めの動機
1. 書店店頭で見て　2. 小社の目録を見て　3. 人にすすめられて
4. 新聞広告、雑誌記事、書評を見て(新聞、雑誌名　　)

上の質問に 1. と答えられた方の直接的な動機
1. タイトル　2. 著者　3. 目次　4. カバーデザイン　5. 帯　6. その他(　　)

ご購読新聞　新聞	ご購読雑誌

文芸社の本をお買い求めいただき誠にありがとうございます。
この愛読者カードは今後の小社出版の企画およびイベント等の資料として役立たせていただきます。

本書についてのご意見、ご感想をお聞かせください。

① 内容について

② カバー、タイトルについて

今後、とりあげてほしいテーマを掲げてください。

最近読んでおもしろかった本と、その理由をお聞かせください。

ご自分の研究成果やお考えを出版してみたいというお気持ちはありますか。

ある　　ない　　内容・テーマ（　　　　　　　　　　）

「ある」場合、小社から出版のご案内を希望されますか。

する　　しない

ご協力ありがとうございました。

〈ブックサービスのご案内〉

小社では、書籍の直接販売を料金着払いの宅急便サービスにて承っております。ご購入希望がございましたら下の欄に書名と冊数をお書きの上ご返送ください。（送料１回210円）

ご注文書名	冊数	ご注文書名	冊数
	冊		冊
	冊		冊

音楽会

あたいは　子猫の音楽家なの
いつでもどこでも　音楽するのよ
今日の楽器は　障子にしましょう
みがいた爪で　演奏しましょう
「ママ　えんそう　はじまるよ　ミャア〜！」
片手の爪で細くやぶると　障子は泣いて……
シャリ　シャ〜リ〜　シャリ　シャ〜リ〜
両手の爪で太くやぶると　障子は怒って……！
ビリ　ビリリ〜リ〜　ビリ　ビリリ〜リ〜
あたいの爪が　たてよこ自由に演奏します
シャリシャリビリリ〜　シャリビリビリ！
ビリビリシャリリ〜　ビリシャリリ〜
「ママ　いかがでしたか……ミャ〜？」
ママは　あたいに拍手をして言ったよ
「天才プリンの音楽会に　こんど皆さんを
　ご招待しましょうね！」

ママは　皆さんに招待状を書きましたから
明日はきっと　あなたにも届くでしょう
音楽会には　あなたの心を楽器にしましょう
あたいの爪で　あなたの心を演奏しましょう
あなたの心を　〈ドレドレミ……〉　見せてね！
〈ファソラ……〉　空を翔ける天使のつばさ……？
〈ソラシド……〉　しとしと降ってる静かな雨……？
どちらも自由に　演奏しましょう　ミャ〜！

マフラー

レモングラスのじゃれ縄は　レモンの匂いがする
あたいが　じゃれて遊んでいた時……
「なんだか　とってもいい匂いがするわ
　おかげで私は　長い夢から目覚めたようね」
そう言ったのは　人形のおばあちゃん
「これはママが　あんでくれたのよ
おばあちゃんは　なにをあんでるニャ〜?」
「お日様の光の糸で　マフラーを編んでいるの」
「おひさまの　マフラ……　ミャ〜?」
「プリンのしっぽのように　なが〜く編んでね
　首にむすぶと　とっても温かいのよ
　編めたら　プリンにプレゼントするわね」
おばあちゃんは　あたいにそう約束をしたのよ
でもあれからずっと　おばあちゃんは動かない
赤いマフラーも　おなじ長さのそのままで……
「おばあちゃん　やくそく　わすれたニャ〜?」
「プリン　人形は　夢の時間に生きているのよ」
ママがあたいに　人形の秘密を教えてくれたの

今日もあたいは　じゃれ縄で遊んでいたよ
「何だか　とってもいい匂いがするわ」
そう言ったのは　人形のおばあちゃん
「おやまあ　私は　また眠っていたみたいねえ
　早くプリンのマフラーを　編まなくちゃね」
おばあちゃんが　あたいの時間にもどってきたよ!

天使の寝顔

この青い地球に　猫のすがたで生まれてすぐに
捨てられてしまった　かわいそうな子猫のプリン
母親のおっぱいで　お腹がいっぱいになる喜びも
母猫の舌で　全身をなめてもらう楽しさも
母猫に埋もれて眠る安心も　知らないうちに
捨てられてしまった　かわいそうな子猫のプリン

プリンは　一日のほとんどを眠って過ごすの
狸のタン子が「あそぼうタン！」って来ても
母猫に会いたくなったら　プリンは眠るの
母猫に甘えたくなったら　プリンは眠るの
夢の国まで　母猫に会いに行くのよ
眠ったままで　プリンのヒゲがピクピク動く
狸のタン子は　そっとママに耳打ちした
「いまプリンは　かあちゃんをよんでるタン！」
眠ったままで　プリンは両手を胸に組む
「いまプリンは　おっぱいをのんでるタン！」
眠ったままで　プリンのしっぽがパコンと揺れる
「ゆめみて　プリンは　しあわせそうタン！」
「プリンは　もう悲しみをのりこえたのね
　プリンの寝顔は　天使のようだもの」
タン子の丸い目は　にっこり笑ってママに言った
「プリンは　ママにであってよかったタン！」
ママも笑いながら　タン子に言った
「ママも　プリンにであってよかったわ！」

とりかえっこ

台所であたいの指定席は　炊飯器の上よ
ここに座ってあたいは　いつもママを見ているの
ママは　ジャガイモを切りながら言ったよ
「ママは　一度プリンになってみたいわ」
「あたいになって　なにするニャン？」
「プリンの見ているものを　見てみたいのよ」
「あたいはいつも　ママをみているニャ～」
「ママを見ている　プリンの目はとても素敵よ
ママをとっても　信頼してるって目……よ
ママをとっても　尊敬してるって目……よ」
「ニャン　そうニャ～ン！」
「だからママが　プリンになったらね
プリンのように　ママを信頼して
プリンのように　ママを尊敬できるでしょ！」
「ニャン　そうニャ～ン！」
「そしたらママは　二人分も幸せってこと……よ」
「あたい　いいことかんがえたよ　ニャ～ン
ママとあたいと　とりかえっこしようよ！」
あたいとママは　目をつむって呪文をとなえた
「あたいはママよ　ママはあたいよ　一！　二！　三！」

ママは今　プリンになって炊飯器の上だよ
そしてジャガイモ切ってる　あたいを見てるよ
「ママ　どんなきもち……？」と　あたいが聞いたら
「最高に幸せよ　ニャン！」って　ママが答えたの！

お留守番

ママが　お化粧をはじめたよ
どこかへ　お出かけするんだ……ニャン
「プリン　じょうずにお留守番できるかな?」
聞こえないふりして　あたいは知らん顔……
お留守番なんて　つまんないもん……ニャン
するとママは　お気に入りの自画像をだして
それを座椅子の背に　立てかけて言ったよ
「今日の一日は　座椅子がママのお膝で
　この絵のママが　プリンのママよ」
「いやニャ!　ざいすのママは　あたたかくないし
　えのママは　プリンってよばないし
　あたいをみないし　あたいをだっこしないし
　あたいは　ほんとうのママがすきニャン!」
するとママは　エプロンの下から手品のように
鞠をだして　にっこり笑ってあたいに言ったの
「プリン　これはママの心よ」って!
コロコロと鞠は　あたいの前に転がってきたよ
「ママの心は　いつもプリンと一緒なのよ」
あたいは　ママの心にそっとさわってみた
ママの心は　色とりどりでとってもきれいだよ
「プリン　じょうずにお留守番できるかな……?」
「あたい　おるすばんできるニャン!」

あたいは一日中　ママの心と遊んでいたよ
夕方　ママの身体が　もどってくるまで……!

ただいま
プリン!

お日様の色

「プリン　お日様は　何色か知ってる……？」
花たちが　なぞなぞ遊びであたいに聞いたの
あたいは　カーテンのむこうのお日様を見たよ
まぶしくって　あたいの目はとけてしまいそう……
「ミャ～　おひさまは　まぶしいきんいろよ」
すると赤い花が　あたいに自慢して言ったよ
「プリン　お日様は　赤色にきまってるわ
　私の赤いドレスは　お日様にいただいたのよ」
桃色の花も　あたいに自慢して言ったよ
「いいえ　お日様の色は　桃色にきまっているわ
　私の桃色のドレスは　お日様にいただいたのよ」
黄色い花も　あたいに自慢して言ったよ
「あら　お日様の色は　黄色にきまっているわ
　私の黄色のドレスは　お日様にいただいたのよ」
花たちは　お日様を取りっこしている……！
「おひさまは　いろいろないろが　いっぱいニャ！」
「そうなの　プリン　いろいろな色がいっぱいなの
　お日様は　私たちみんなのお母さんですもの！」
花たちが　口をそろえてあたいに言ったの
そして花たちは　とっても幸せそうだよ

あたいも負けずに　お日様を取りっこしよう
「ミャ～　おひさまは　きんいろよ！
　あたいのめは　おひさまにいただいたのよ」
あたいは　花たちに金色の目を自慢したの

偉大な一本足

ママの大好きな　百合の花が百本
お日様を見上げて　お日様色で咲いている
いつも同じ場所で　仲良くならんで咲いている
「ゆりのおはなは　あしが一ぽんだけなのね
　あるけないって　つまらないでしょ　ニャ～？」
あたいは　百合の花に聞いてみたの
「あたいは　四ほんも　あしがあるの
　じゆうにどこでも　いけるのよ　ニャン！」
あたいは　自慢の足で歩いてみせたよ
「プリンの足は　かわいいわね　フフフッ」
百合の花が　あたいを見て楽しそうに笑った
「プリン　お花はみんな一本足なのよ
　でもねえ　とても偉大な一本足なのよ」
「とてもいだいな　一ぽんあし……ニャ～？」
「お花の足は　地球の靴をはいているのよ
　それでお日様のまわりを　お散歩してるの」
百合の花は　お日様色にキラキラ輝いたよ
「お日様にむかって　賛美の唄を歌いながら
　毎日楽しく　お散歩してるのよ！」

百合の花は　四本足のあたいより早く遠く
毎日　宇宙を散歩していたのね
「ニャンといだいな　一ぽんあし！」
あたいは座って　百合の花を見上げた
百合の花は　きっとお日様の家族なのね

プリンの反抗期

百合の花が咲く　この季節のママの自慢は
あたいから　百合の花に移ってしまったの
ニューヨークの　圭子さんへのメールも
故郷いわき市の　おばあちゃんへのお手紙も
「きれいに百合が咲いて　とってもいい匂いよ」で
俳句の会の　友だちへの電話も
「かわいい百合が咲いたから　句会をしましょう」なの
〈かわいい〉の主語は　プリンじゃなくなって
〈きれい〉の主語も　もうプリンじゃないんだ
ママは　あたいを忘れちゃったみたい
だからあたいも　ママを忘れちゃおう……！

「プリン　毛をすいてあげるからいらっしゃい」
「ニャ～　あたい　いやよ…」
あたいは　聞こえないもん　知らないもん
「プリンのかわいいお耳は　ママを向いているのに
プリンのきれいなお顔は　あっちを向いてるのね
お顔とお耳と　バラバラになっちゃってるわ」
え？　ママはあたいを〈かわいい〉って言った？
ん！　ママはあたいを〈きれい〉って言った！
「プリンは今　反抗期なのかも……ね？」
だからあたい　いそいで顔もママの方に向けて
そしてすぐに　ママにお返事をしたの
「かわいいプリンの　きれいなプリンの
ハンコウキって……なにニャ～ン？」

虎になったプリン

テレビのジャングルで　虎があたいにほえたよ！
「ガオオ！　プリンよ　大志をいだけ！」って
「トラちゃん　〈たいし〉ってなに……ニャ～？」
「ガオオ！　心に時いた　希望の種のことさ
プリンとわしは　おなじ猫科の親戚ぞよ」
「トラちゃんは　ねこのおうさま……ニャ～？」
「ガオオ！　わしは　すべての動物の王様じゃ
プリンよ　天に向かって大志をいだきなさい」
大志をいだいて　あたいは今日から虎になった！
虎のあたいは　ランランと鋭い眼光をはなち
朝露でぬれた庭のすみずみを　獲物を探して歩いた
そしてみごとに大きな蛙を　鋭い爪でつかまえた！

紅茶を飲んでいたママは　あたいの蛙を見てふるえた
「プリンが……大きな蛙を……！
　パパ　早く蛙を　助けてあげて……！」
食事をしていたパパは　虎のあたいに命令した
「プリン！　今すぐ　蛙を逃がしなさい！」
「いやよ　あたいは　トラだもの　ガオ！」
その時蛙は　あたいの口からピョンと逃げ
食卓のサラダの上に跳びのって　グエ～と鳴いた
その時だ　パパも虎に変身したのは……！
「ガオオ！　こらこら！　プリンを食べちゃうぞ！」
虎になったパパの獲物は　このあたいだった！
「パパ　おねがい　あたいをたべないで……ニャ～ン！」
驚いたあたいは　すっかり大志を忘れてしまった

裸のプリン

「あたい　はだかのねこに　なりたいニャ～」
扇風機で　いくらお腹を冷やしても
山から生まれた風じゃないから　香りがないし
大地から生まれた風じゃないから　生気もないし
飴のようにあたいは　とけてしまいそうな夏
「ねこのけがわを　ぬぎたいニャ～」
ママは　心配そうにあたいに言ったよ
「プリンが　裸になってしまったら大変よ
　住所不定の　のら猫になっちゃうわ」
「どうして……ニャ～？」
「プリンが　猫の毛皮をぬいでしまったら
プリンかどうか　ママにはわからないわ
プリンの毛皮が　唯一プリンの証明だもの」
寝転んだままで　あたいはママに教えてあげた
「あたいのめをみたら　すぐわかるニャン！」
「となりの猫も　プリンのように金色の目よ……」
「あたいのしっぽで　すぐわかるニャン！」
「となりの猫も　プリンのように立派なしっぽよ……」
ママは　自信がなさそうだ
「あたいが　はだかになったとしてもニャ～
　いつもママのそばにいるのが　プリンよ」

あたいは　ママのために毛皮をぬがないよ
あたいが裸になってしまったら　ママは……？
あたいから　迷子になってしまうから　ニャン！

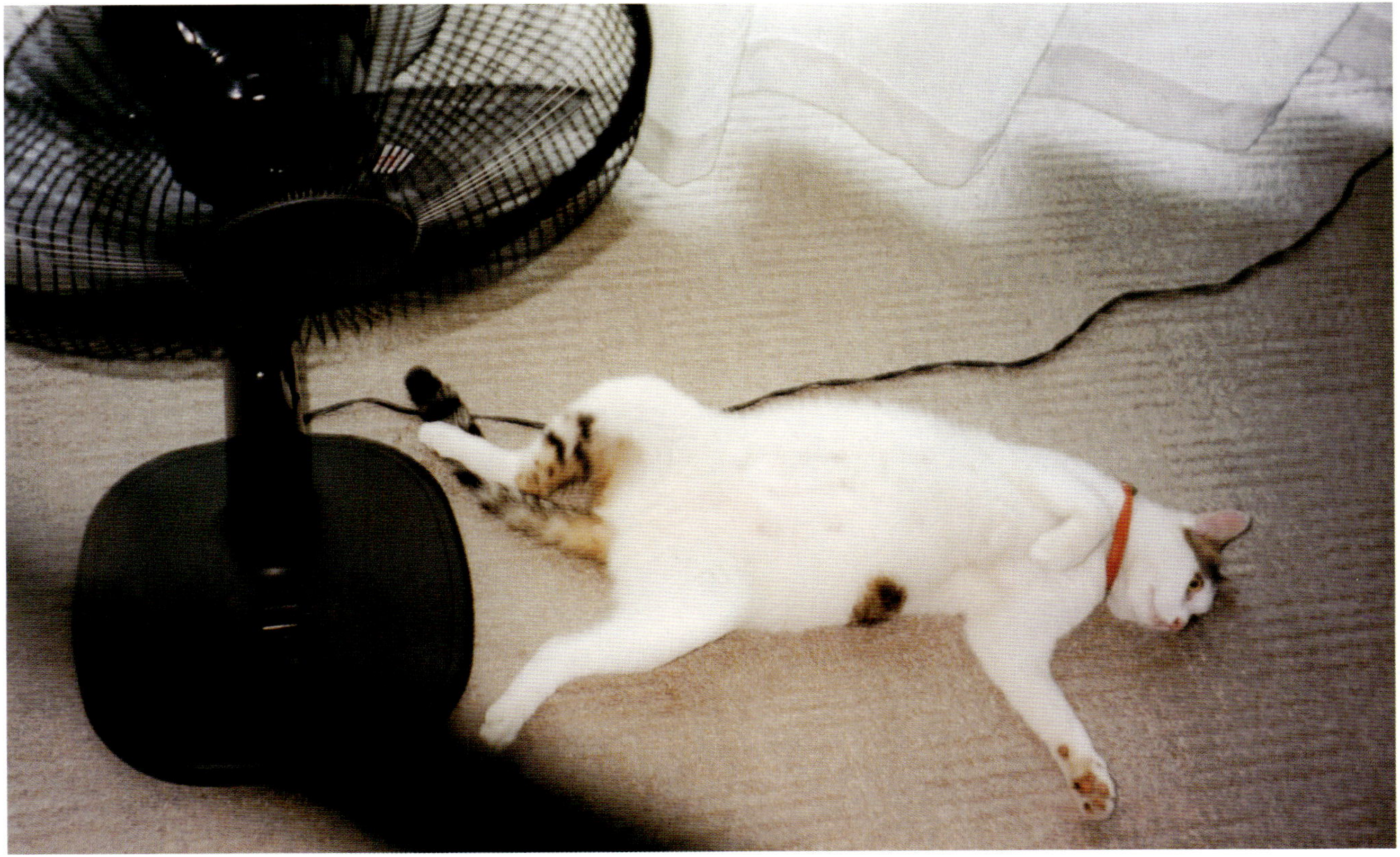

パパのため息

あたいは今　ぐっすりお昼寝〜ン〜ン
「飼い主に似るって　よく言うけど……フウ〜」
あたいのそばで　ため息したのはパパのようだ
「まったくプリンは　ママにそっくりだね
　プリンの……とくに……この寝すがたが……サ」
あたいの耳に　パパの独りごとが聞こえたよ
パパはあたいに　ため息をついたのかな？
それともママに　ため息ついたのかな？
その時ママが　部屋に入ってきたみたい
「まあ　プリンのこの寝すがたを見て　パパ
　ユーモアがあって　楽しい猫ね　フフッ！」
「これを　ユーモアっていうの　ママ？」
「プリンは　私たちを信じきっているのよ
　だからこんなに　リラックスしてるのよ」
「私たちを信じきってる……？　つまりママ……」
「プリンは　わが家にきてとても幸せなのよ
　プリンのユーモアは　幸福のしるしよ　パパ！」
パパは　素直にママの意見に賛成して言ったよ
「なるほど　ママの言うとおりだね
　プリンは　ママのようにリラックスして
　ママのように　幸せってことなんだね！」

パパのさっきのため息は　何だったんだろうニャ？
いたずら好きの春風が　あたいの耳に
口笛吹いて　遊んでいたのかも……ニャ〜？

プリンのおやつ

午後の三時は　楽しいおやつの時間だ
ママはあたいを　菓子器にのせて言ったの
「三時のおやつは　プリンにしましょう！」
「あたいは　ケーキじゃないもん
　ねこのプリンで　たべられない　ニャン！」
あたいは　怒ってママを見たよ
するとふしぎ……？　ニャンと……！
ママの両目に　かわいいプリンがいるんだよ！
「ママのおめめに　プリンが　二ひきもいる！」
あたいは　ママの両目の二匹のプリンに
「こんにちは！」ってあいさつしたの
ママが笑うと　二匹のプリンは目のおくに消えた
「プリン　美しいものは　目で食べるのよ」
笑いながら　ママはあたいにそう言ったの
あたいは　菓子器の上にきちんと正座をしたよ
美しいプリンの　名に恥じないようにね

「プリンの味は　ほんのり甘い〈ビタミン・ネコ〉よ
プリンを食べて　ママの心は元気いっぱいよ！」
「ママは　〈ビタミン・ママ〉ニャ～
　ママをたべて　あたいもげんき　ニャン！」
ママの両目で　二匹のプリンが笑っている
あたいの両目で　二人のママが笑っている
〈ビタミン・ネコ〉も　〈ビタミン・ママ〉も
　食べても食べても　少しも減らない
三時のおやつは　とってもおいしかったよ

プリンの自由

「猫には　追われる仕事もなく　重たい義務もなく
　食べたくなったら食べ　眠くなったら寝て
　ママは　プリンの自由がうらやましいわ」
あたいを見るたび　ママはこう言うよ
〈追われる仕事がない〉〈重たい義務がない〉
〈食べる自由〉〈寝る自由〉が　ママの自由なの？
「ママのじゆうは　ちっちゃいニャ～」
自由はもっと　大きい視野で考えなくっちゃ……！
「ママ　これが　あたいのじゆうニャン！」
あたいは　自慢のヒゲをピンとはって
あたいのヒゲの　左右の長さの穴を一つ
両手でシャリシャリ　障子にあけてママに言ったの
「このあなから　あたいは　せかいをみるニャン
　そしていつでも　せかいに　とびだしていくニャン」
ママは尊敬の眼差しで　あたいを見つめて言ったよ
「プリン　自由って　世界をしっかり認識して
　いつでも世界に　飛び出す力を持ってることね！」

あたいはママに　大切な質問をしてみたの
「ママは　じゆうをもってるの　ニャ～？」
ママはちょっと考えて　あたいに笑って答えたよ
「プリン　ママも　心の障子に穴を開けたわ！」
ママは　世界の人々と　小さな握手をするために
右手を一本出すための　自由の穴を開けたんだって！
そして最初にママは　猫のあたいと握手したのよ

ダンボール

ダンボールにたくさんの荷物が　つめこまれたよ
ヒジキ　ノリ　お茶　ワカメ　お茶づけ……！
ニューヨークの圭子さんへ　送る荷物なの
「ダンボールって　とてもくいしんぼうニャ〜
　おおきなくちで　たくさんたべちゃったよ」
あたいが　ダンボールに言うと
すましてダンボールは　あたいに答えたの
「プリン　これがわたしの仕事なのですよ
　ママからの大切な贈り物を　壊さず傷つけず
　まちがえないで　遠い遠いニューヨークの
　圭子さんまで　届けるのですよ
　プリンには　絶対できないお仕事ですよ」
「あたいにだって　できるニャン！
　りっぱなあしが　四ほんもあるんだもん」
するとダンボールは　笑ってこう言った
「猫は　食べてウンチ……にしちゃうでしょ！」
するとダンボールって　ウンチ……をしないのね？

その時あたいに　いい考えがうかんだの
「あたいもたべてよ　おねがいニャン！
　あたいも　ニューヨークへいきたいの
　だいすきなけいこちゃんに　あいたいの
　ウンチにしないで　あたいをとどけてくれる？」
ダンボールの大きな口に　あたいは今
喜んでニャ〜　食べてもらっているところなの！

スキムミルク
お弁当用
油漬たらこ
ソース

空翔ぶプリン

「カラスのカアちゃんはいいな　そらをとべて！」
「おれの羽を食べたら　羽がはえて空を翔べるぜ」
「ニャン？　それって　ほんとう……？」
「おれの羽一枚と　プリンの食事を交換しようぜ」
あたいがカアちゃんに　キャットフードをあげると
カアちゃんは一枚の羽を　あたいにくれたよ
あたいの尻尾のように　上品なカラスの羽を……！
これを食べたら　あたいの夢は実現するのね！
「あたいのせなかに　はねがはえてニャ～
　あたいもきっと　そらをとべるのよ！」
あたいは祈るように　羽を食べて……待ったのよ
だけどあたいの背中に　羽は生えてこなかったの

「ママ　どうして……ニャン？」
「羽がなくても　プリンは空を翔べるのよ
　プリンは　心で空を翔ぶことができるのよ！」
あたいを優しくなでながら　ママは言ったよ
「プリンの心が　とっても幸せな時
　プリンはすでに　空を翔んでいる猫なのよ！」
「ママ　それって　ほんとう……？」
「心にはすべての夢を　実現させる力があるのよ
　何の道具も必要なしに　実現させる力が……ね！」
するとあたいの夢は　すでに実現してるんだね
猫のままで　あたいは空を翔んでいるんだね
あたいは　空翔ぶ猫のプリンです　ニャニャ～ン！

母の日

「きょうは〈ははのひ〉だって……ニャン!」
あたいもママに　感謝のお花を贈りたいな!
それであたいは　百合の花にお願いしたの
「あたいに　おはなを一つちょうだい
　ママに　おはなをおくりたいの」
すると百合の花は　優しくあたいに言ったよ
「プリン自身が　贈りもののお花になるといいわ
　プリン自身が　お花になって咲くといいわ」
「あたいが　おはなになる……ニャ〜?」
「プリンの感謝の心が　お花になるのよ
　さあ私と一緒に　お花になって咲きましょう!」
あたいは　百合の花のそばに座ってお花になったの

あたいは　プリン花に咲いてママを呼んだよ
「ママ　〈ははのひ〉おめでとう　ニャ〜」
ママは　すぐに百合の花の中にあたいを見つけて
「まあプリンは　なんてかわいいお花でしょう
　プリン花は　世界でただ一本のママのお花よ!」
そう言って　あたいを胸に摘んだのよ
あたいはうれしくって　目がまわりそうだったよ
「ママが　あたいのママでほんとによかった!」
母の日が　年にたった一回なんてつまらないよ
あたいは毎日　感謝の心でお花になろう!
世界でただ一本の　ママのお花になろう!

クマちゃん

塀の上に　白ズボンの小さなクマちゃんがいるよ
丸い目はいつも　お空をみて笑っているの
「クマちゃん　どうしておそらをみてるの？」
「ぼくの大好きな　お日様を見てるの
そして〈ありがとう！〉って言ってるの」
「よるになったら　なにをみてるの？」
「ぼくの大好きな　お星様を見てるの
そして〈ありがとう！〉って言ってるの」
「くもっていたら　なにをみてるの？」
「ぼくの大好きな　雲を見てるの
そして〈ありがとう！〉って言ってるの」
「どうして　〈ありがとう！〉っていうの？」
「みんな　ぼくのお友達だから……！
〈ありがとう！〉の言葉で　心と心が握手するの」
〈ありがとう！〉って　魔法の言葉なのね！

「あたい　おもいだした……　ニャン！」
あたいが　この青い地球に生まれてくる前
小さな星だったあたいに　クマちゃんはここから
〈ありがとう！〉って　言ってくれたでしょ！
そして心と心で　握手をしたことあったわね
「ね！　クマちゃん　おぼえてる？」
「プリン　お友達って永遠なんだよ！」
そう言って　クマちゃんの丸い目が笑った
あの時から　あたいとクマちゃんの
お友達が　始まっていたのね！

風船かずら

「プリン　台風が　鎌倉へ上陸だって……！」
テレビを見ていたママが　あたいに言ったよ
窓の外は大雨が　ドドド～！　ドウドウ～！
大風が　グワワ～！　ゴワワ～!!
「プリン　何を見ているの？　怖くないの？」
「あたい　ふうせんかずらをみているの」
「育ちゃんの　風船かずらを……？」
「かぜにおどって　おもしろいよ　ニャ～」
風船かずらは　育ちゃんの想い出のお花よ
お母さんに　ハート印の種を残して
十一歳の春に　天国へ行ってしまったの……
その種を分けて頂いてから　十年の月日が過ぎ
庭のあちらこちらに　風船かずらが増えているよ

大雨が窓を打って　ドドド！　ドウドウ～！
「ふうせんかずらは　あたいのひげよりほそいつるで
ひもをしっかり　つかんでいるよ　ニャ～」
大風が渦をまいて　グワワ～！　ゴワワ～!!
「ふうせんが　かぜにのってとんだよ　ニャ～」
「来年　芽をだすところに　引越したのね」
風船かずらは　雨にも負けず　風にも負けない
ハート印の種を実らせ　天に向かって伸びている
「風船かずらは　育ちゃんの笑顔ね！」
「いくちゃんのえがお　だいすき　ニャ～」
あたいは　ずっと飽きずに育ちゃんを見ていたの

あたいは　猫に生まれて
ほんとうによかったな　ニャ〜！
あたいは　プリンに生まれて
ほんとうによかったな　ニャ〜！
あたいは　あたいに生まれて
ほんとうによかったな　ニャ〜！

あなたも　あなたに生まれて
ほんとうによかったでしょ！
ね？　ね！　ニャ〜ン！

プリン

ママの花香詩
オズの魔法使いの
かかしとおなじ
なまえです
パパです

あたいは
しあわせに
なるために
生まれてきたの！
みんなと
いっしょにニャン！

プリン

著者プロフィール

花香詩　（かかし）

プリン物語ー七つ星の子猫ー

2002年10月15日　初版第1刷発行

著　者　　花香詩
発行者　　瓜谷 綱延
発行所　　株式会社 文芸社
〒160-0022　東京都新宿区新宿1-10-1
電話　03-5369-3060（編集）
　　　03-5369-2299（販売）
振替　00190-8-728265

印刷所　東銀座印刷出版株式会社

ISBN4-8355-4516-8 C0095